LE RAVAGEUR

DE LA

VIGNE

ÉTUDES SUR LE PHYLLOXERA

PAR

A. DAVID,

Garde Général des Forêts,

Membre de la Société des Agriculteurs de France.

Sublatâ causâ, tollitur effectus.

PARIS

CHARLES DELAGRAVE, LIBRAIRE-EDITEUR

Rue des Ecoles, 58

1874

MONTÉLIMAR. — IMP. ET LITH. BOURRON ET Cie.

LE RAVAGEUR

DE LA

VIGNE

ÉTUDES SUR LE PHYLLOXERA

PAR

A. DAVID,

Garde Général des Forêts,

Membre de la Société des Agriculteurs de France.

Sublatâ causâ, tollitur effectus.

PARIS

CHARLES DELAGRAVE, LIBRAIRE-EDITEUR

Rue des Ecoles, 58

1874

LE

RAVAGEUR DE LA VIGNE

Etudes sur le Phylloxera

I

Considérations générales sur l'agriculture. — L'oïdium. —
La nouvelle maladie. — Problème économique important. — Culture de la vigne, son développement. — La
Drôme et les départements du Midi. — Objet de ces études, leur but. — Importance des faits acquis.

De toutes les questions agricoles qui, de nos jours,
s'imposent à l'attention publique, la plus importante est
celle de la nouvelle maladie de la vigne. Elle sollicite
l'étude des viticulteurs, les recherches des praticiens
ouvre un vaste champ aux expériences de toute nature,
et aux théories les plus diverses. Qu'on ne s'y trompe
pas, il n'y a pas là seulement un sujet d'agriculture ordinaire, mais encore un problème d'économie sociale des
plus sérieux, parce que la disparition des vignobles
atteint un très-grand nombre d'individus, et abaisse en
même temps la richesse foncière, dans d'incalculables
proportions.

On reste effrayé quand on considère les effets désastreux des fléaux qui atteignent les principales branches de la production agricole. Il y a vingt ans, la France produisait vingt-cinq millions de cocons, ce qui représente un revenu de cent millions ; en 1872, la récolte était de neuf millions, elle descendait à huit millions en 1873, et rien ne fait prévoir quand cesseront les ravages de la pébrine dans les départements de la Drôme, de l'Ardèche, du Gard et de Vaucluse, qui fournissaient ensemble 80 % de la production totale.

L'oïdium, qui causait il y a quelques années de nombreux désastres, qui faisait tomber en 1854 la production vinicole à 10 millions d'hectolitres, n'a pas encore disparu ; et on constatait tout récemment sa présence dans les vignes du département de l'Isère.

On pouvait cependant espérer qu'après cette maladie, qui fut heureusement prévenue par l'emploi du soufre, la vigne n'aurait plus à subir d'aussi désastreuses attaques ; et que le vigneron pourrait enfin récolter le fruit de ses travaux.

On s'était trompé, la maladie actuelle est bien autrement redoutable, par la rapidité de son extension et ses conséquences funestes.

Le vin peut être considéré aujourd'hui comme objet de première nécessité, surtout dans la région méridionale. Il est nécessaire à l'homme qui travaille de quelque façon que ce soit, mais surtout à l'artisan, qui a besoin de conserver et d'augmenter les forces, qu'il met chaque jour au service d'un labeur pénible. Il est indispensable à l'alimentation publique, et l'on devrait rechercher les moyens d'en abaisser le prix de revient, pour qu'il fût plus accessible aux classes ouvrières. Ce fait explique sans doute pourquoi, depuis de longues années, on a multiplié les plantations de vignes. Dans des terrains jusque là improductifs on a cultivé le précieux arbuste, on l'a installé sur les pentes rapides des coteaux, et l'on a défriché les bois dont le sol pouvait convenir à cette culture. Il n'y avait pas seulement chez les propriétaires l'idée d'augmenter leur revenu, car l'abondance de la marchandise a pour effet d'en abaisser la valeur, mais encore le désir d'améliorer leur domaine, de ne pas laisser à l'état inculte des parcelles de terrains souvent considérables, et peut-être aussi la pensée plus généreuse de fournir leur part contributive à la consommation publique.

Il y aurait à faire un travail à la fois intéressant et curieux ; ce serait de rechercher quelle était il y a un siècle, alors que l'usage du vin était moins répandu dans les classes populaires, la surface des vignobles, et de la rapprocher des chiffres qui seraient fournis par le cadastre actuel. Ce ne serait là, en somme, qu'une digression oiseuse et inutile, qui éloignerait sans nécessité le lecteur de l'objet principal de ces études, et qui est plutôt l'affaire des amateurs de chiffres.

Je n'ai nullement l'intention de donner à ce travail des limites trop étendues, je veux au contraire le circonscrire dans un cadre plus modeste, et pour qu'il offre quelque intérêt local, m'occuper de la marche de la maladie dans l'arrondissement de Montélimar, en présentant un résumé aussi complet que possible de ce qui a été écrit ou expérimenté. Ce que l'on peut en dire, s'appliquera aussi bien aux départements de l'Hérault, du Gard, de Vaucluse, qui sont eux-mêmes envahis ou menacés par ce redoudable fléau, qui comprennent toute l'étendue de la ruine qui les menace, et qui cherchent les moyens de l'éloigner. Ici, comme partout, les agriculteurs ont essayé sans succès quelques préservatifs, mais sans connaître au juste la cause qui faisait aussi rapidement périr les vignobles, et sans se rendre un compte exact des remèdes employés.

Il faut avant tout éclairer les vignerons, leur apprendre où ils doivent chercher le mal, faire de nombreuses et fréquentes observations, répéter les expériences jusqu'à ce que l'on ait trouvé, avec un remède pratique et économique, la solution d'un problème qui intéresse au plus haut degré la fortune publique.

Frappé de ces considérations, en présence de préjugés difficiles à combattre, des procédés plus ou moins imposibles que j'ai entendus recommander ou vu appliquer, de leur complet insuccès, du dégoût général, des déceptions sans nombre, de la lassitude de tous, de la résignation trop prompte, à mon avis, qui a succédé à l'espoir que l'on conservait encore de sauver les vignes, j'ai suivi avec attention, depuis deux ans, les progrès de la nouvelle maladie, fait quelques expériences personnelles, recueilli de nombreux renseignements auprès des vignerons, et c'est avec la pensée qu'il n'est point trop tard pour combattre ce découragement trop hâtif, que je réunis dans ces études l'ensemble de notes et de renseignements pris au jour le jour, le résultat des expériences qui ont été déjà faites, la conclusion qu'il faut tirer des nombreux écrits qui ont paru sur cette matière, en un mot tous les faits qui restent définitivement acquis à la science, et qui doivent être le point de départ de nouvelles recherches, qui seront sans doute plus heureuses parce qu'elles procèderont du connu à l'inconnu.

II

Surface occupée en France par la vigne. — Production viticole pendant les dix dernières années. — Contenance des
vignobles de la Drôme. — Production du département
dans la même période. — Intensité de la maladie. — L'arrondissement de Montélimar, description géologique. —
Tableau par canton de la dernière récolte.

La surface totale occupée en France par les cultures
de différentes espèces est de 41 millions d'hectares, dont
2 millions 500 mille étaient plantés en vignes, soit un
seizième du sol cultivable. On évalue à 10 milliards la
production agricole, et le rendement de la vigne représente seul 1 milliard 500 millions, sans compter les produits accessoires des industries secondaires qui s'y
rattachent.

D'après les chiffres officiels, la production annuelle
des 75 départements viticoles, serait ainsi répartie pendant les dix dernières années :

1864	. . . . . .	50,653,000 hectolitres.
1865	. . , . . .	68,943,000
1866	. . . . .	63,838,000
1867	. . . . .	39,128,000
1868	. . . . .	52,098,000
1869	. . . . .	70,000,000
1870	. . . . .	53,537,000
1871	. . . . .	56,901,000
1872	. . . . .	50,154,000
1873	. . . . .	35,715,000

Soit une moyenne annuelle de 52 millions d'hectolitres.

La viticulture est donc une des sources de la fortune
publique puisqu'elle solde plus de 400 millions d'impôts,
dont 220 entrent dans les caisses de l'Etat.

La vigne lutte en 1873 dans le nord contre les gelées tardives, dans le midi contre la sécheresse, l'oïdium et le phylloxera, aussi la production descend-t-elle à 35 millions d'hectolitres environ, et par suite le vin est-il offert à un prix très-élevé.

Il résulte de documents administratifs que le nombre d'hectares plantés en vignes dans le département de la Drôme était, il y a dix ans, de 35,871 hectares. Le rendement annuel moyen était de 10 hectolitres à l'hectare. A la dernière récolte on n'obtenait plus que 5 hectolitres, ainsi que l'indique le tableau suivant :

Année		
1864	373,555	hect.
1865	400,875	
1866	430,098	
1867	254,766	
1868	357,599	
1869	614,391	
1870	291,723	
1871	285,748	
1872	203,806	
1873	180,995.	

Il ressort de l'examen de ces chiffres, que la production est fortement atteinte dans ce département, et que le produit actuel des vignes a baissé de près des deux tiers. La surface des vignobles a également diminué dans la même proportion ; si le fléau continue de sévir avec autant d'intensité, il faudra bien peu d'années encore pour que toutes les vignes aient disparu, et soient remplacées, dans les terrains qu'elles occupaient, par des cultures dont le produit ne sera jamais aussi rémunérateur.

L'arrondissement de Montélimar, éminemment propre à la culture de la vigne par la nature de ses terrains et son état climatérique général, a été le premier atteint et le plus éprouvé par la nouvelle maladie:

Situé au midi du département de la Drôme, il embrasse une superficie de 113,167 hectares, et compte une population totale de 70,251 habitants. L'ensemble de son état géologique peut être ainsi brièvement décrit : Au nord-ouest, dominent les terrains quaternaires, composés de dépôts erratiques à cailloux striés, au milieu desquels, de Livron à Sauzet, on rencontre les marnes à spatangues, les calcaires à griocères semblables à ceux de Pont-de-Barret et de la montagne de la Lance ; au nord-est, au contraire, se trouvent en abondance les marnes aptiennes, coupées par des groupes de craie ; au sud, le sol se compose de poudingues à cailloux impressionnés, alternant avec les marnes d'eau douce et les molasses coquillières. Les principales cultures que l'on y rencontre, outre de nombreuses surfaces couvertes de bois, sont les plantations de garances, des mûriers, en grande quantité, et des vignobles, dont la surface a été indiquée plus haut. Ces deux premiers genres de culture achèvent aujourd'hui de perdre toute l'importance qu'elles avaient autrefois. Les progrès qu'ont fait les applications chimiques ont permis de découvrir de nouveaux procédés, qui rendent moins indispensable l'emploi de la garance ; la culture du mûrier devient inutile, et beaucoup de propriétaires arrachent ces arbres pour les remplacer par des amandiers, auxquels le sol et le climat paraissent convenir, et dont les produits sont de beaucoup préférables, tant que la maladie des vers à soie n'aura pas complètement disparu.

Cette situation générale de l'agriculture dans le pays, explique pourquoi, pendant ces dix dernières années, on avait créé d'aussi nombreux vignobles.

Je ne crois pas être au-dessous de la vérité en évaluant, dans certaines communes, à 1/5 en plus la surface plantée en vigne pendant la période que je viens d'indiquer. Partout où cette plantation a été possible, elle a été faite, on a défriché des bois sans valeur, des landes incultes pour y cultiver les principaux cépages de la contrée, et on les a installés jusque sur le flanc des coteaux, à pentes assez abruptes pour qu'il devînt nécessaire de retenir les terres par des murs de pierre sèche, et d'étager les plantations comme on le fait sur les côtes du Rhône. Pour être fixé d'une façon plus exacte sur l'état actuel de notre viticulture, j'ai dressé pour chacune des communes de l'arrondissement une statistique dont j'ai soigneusement recueilli les éléments. J'ai puisé tous les renseignements nécessaires à des sources authentiques et le plus possible auprès des propriétaires et vignerons de la localité. Je résume dans le tableau ci-après l'ensemble de ces recherches, j'ai contrôlé avec soin les chiffres qui m'étaient fournis, et je les crois d'une exactitude plus que suffisante pour nous permettre d'apprécier l'étendue du fléau qui achèvera bientôt, si rien ne s'y oppose, de détruire la partie la plus importante et la plus productive de notre agriculture locale.

Nom des cantons.	Nombre des communes du canton.	Surface des vignobles d'après le cadastre.			Augmentation de cette surface depuis 10 ans.	TOTAL.			Nombre d'hectolitres récoltés annuellement avant la maladie.	Produ de l'anné
		H.	A.	C.	Hectares.	H.	A.	C.	Hectolitres.	Hectol
Montélimar.	11	2,304	90	77	200	2,504	90	77	60,500	20,0
Marsanne	14	1,710	56	40	150	1,810	56	40	36,200	11,1
Dieulefit	16	520	74	12	175	695	74	12	16,400	12,5
Grignan	14	1,305	33	64	316	1,621	33	64	35,240	10,
Pierrelatte	4	1,331	14	63	406	1,737	14	63	39,740	19,4
St-Paul-3-Châteaux. .	10	3,935	57	10	750	4,685	57	10	93,700	10,
Totaux.	69	11,108	26	66	1,997	13,105	26	66	281,780	83,2

L'enquête administrative de 1872 fournit les résultats suivants sur l'intensité de la maladie dans les autres arrondissements de la Drôme. A cette époque, ce document constate qu'elle atteint 49 hectares dans les cantons de Chabeuil, Loriol et Valence. Dans l'arrondissement de Die, 239 hectares sont également envahis dans les cantons de Crest, Bourdeaux et Saillans.

Celui de Nyons n'échappe pas à cette invasion générale, et l'on affirme que les cantons du Buis et de Nyons ont une surface de 415 hectares de vignes qui ne fournissent plus que des produits sans valeur.

Depuis deux ans le mal n'a fait qu'augmenter ; et si l'on dressait dans le département une nouvelle statistique officielle, on serait justement frappé des progrès d'une maladie contre la violence de laquelle semblent se briser nos efforts et nos espérances.

III

Apparition du Phylloxera vastatrix. — Sa marche vers le Nord. — Influence de certaines conditions atmosphériques sur sa dissémination. — Points les premiers envahis. — La cause n'est pas dans le sol. — L'insecte se retrouve dans les terrains de compositions différentes. — Nécessité d'agir.

Il y a six ans que la maladie a été observée pour la première fois dans ce département, sur le territoire des communes de St-Maurice, Tulette et Suze-la-Rousse. Elle continue, depuis, sa marche ascendante vers le nord, en longeant les bassins du Rhône, ceux du Roubion, de la Drôme, de proche en proche, rarement par dissémination et à de grandes distances.

Au mois de juillet 1866, M. Delorme, vétérinaire à Arles, signale les conditions étranges de végétation dans lesquelles se trouve un vignoble situé dans la Crau, dans d'excellentes conditions, du reste, de sol et d'exposition ; quelques mois plus tard, en février 1867, il constate que toutes les souches atteintes sont complètement mortes. Ne faut-il pas tout d'abord admettre que les hivers secs de 1866 et 1867 ont eu une influence très-considérable sur l'intensité du fléau ? Si les progrès ont été ensuite moins foudroyants, il faut en chercher la cause dans l'humidité, qui caractérise les hivers suivants.

En 1869, le mal prend une extension plus nettement marquée, sa marche s'accentue, et les viticulteurs commencent à se préoccuper vivement de l'avenir des vignobles. On signale la présence du phylloxera à Langlade (Gard), à St-Mathieu-de-Tréviers (Hérault), à Crest (Drôme), à St-Maximin (Var). Cette dissémination de l'insecte est déjà abondante dans l'arrondissement d'Orange, St-Remy et la Crau, où, dès 1868, MM. Planchon et Lichteinstein constatent, sur les racines de la vigne, la présence d'un insecte aptère, qu'ils rapportent au genre phylloxera, quand toutefois ils ont observé la forme ailée de ce même insecte, auquel ils donnent le qualificatif de *vastatrix*, pour désigner les caractères incontestables de nocuité qu'il présente.

Certaines conditions géologiques sont, sans doute, un puissant auxiliaire à la marche de ce redoutable ravageur. Il doit s'avancer plus rapidement dans les sols crevassés que dans les terrains compactes, et l'on remarque que les vignes plantées sur des terrains argileux, qui se fendillent sous l'action de la chaleur, sont celles qui généralement ont le plus souffert.

Dans la Crau d'Arles, dont il vient d'être question, où le sol est un mélange d'alluvions du Rhône et de cailloux roulés, avec une très-faible partie de terre végétale, la maladie offre des cas foudroyants, tandis que dans les bons terrains ni trop argileux, ni trop rocailleux, la résistance à l'invasion est beaucoup plus complète. L'expérience nous apprend également que, dans les terres sablonneuses, l'insecte se déplace moins facilement, dès lors les vignes y sont plus difficilement attaquées.

On évalue actuellement à plus d'un million d'hectares les vignobles de France qui ont été détruits, ou qui sont atteints par la nouvelle maladie. La Bourgogne, la Champagne, les bords du Rhin, quelques autres provinces, sont encore heureusement préservées, mais rien ne fait espérer qu'elles ne seront pas à leur tour ruinées. Sans compter l'Amérique, d'où il semble nous être venu, le phylloxera est encore signalé en Portugal dès le mois de septembre 1872, dans les vignes de Porto et de Lisbonne, aussi bien qu'en Autriche, dans les environs de Klosternenburg.

En résumé, huit départements de la région méridionale sont complètement envahis. Celui de Vaucluse a perdu les quatre cinquièmes de ses vignes, l'arrondissement de Montélimar présente un état déplorable, celui de Valence est entamé, et la maladie menace de gagner les vins de l'Hermitage. Dans l'arrondissement d'Uzès, dans l'Ardèche, on rencontre partout le phylloxera; la partie nord des Bouches-du-Rhône, les territoires de St-Remy et d'Arles n'ont plus de vignes, le Var souffre sur une grande partie de sa surface, et dans l'Hérault, le département le plus riche, le premier de tous comme industrie vinicole, qui compte à lui seul 170,000 hectares, on signale la présence de cet implacable ennemi.

Quelques vignobles ont pu jusqu'à ce jour disparaître sans influer d'une manière trop sensible sur le rendement général. Les vignes de Vaucluse, du Gard, qui produisaient ensemble 2,500,000 hectolitres, celles des Bouches-du-Rhône, de la partie Sud du département de la Drôme, qui donnaient des produits moins considérables, ne représentent en somme que le 15me de la récolte de 1872.

Mais qu'arriverait-il, si les vignobles de l'Hérault qui fournissent de 12 à 15 millions d'hectolitres par an, étaient également frappés? La production française serait réduite dans la proportion d'un quart; et l'on peut apprécier toute l'étendue de la perte qu'auraient à supporter l'état et les propriétaires.

Dans le Bordelais, le mal paraît moins grand ; quelques communes de la rive droite de la Garonne sont encore seules à souffrir.

Il ne faut donc pas objecter, ainsi que le dit M. Gaston Bazille, que la cause du mal actuel se trouve dans le sol. Il apparaît dans tous les genres de terrains. Vous retrouverez le phylloxera dans les terrains caillouteux de Châteauneuf-du-Pape, dans les poudingues de la Crau, dans les alluvions qui s'étendent entre Avignon et Carpentras, dans les terres riches du Gard, et celles plus fertiles encore de Lunel.

Voici, dans toute son effrayante vérité, la situation présente de la viticulture en France. Il ne faut plus perdre un instant; moins de paroles mais des faits, plus de discussions stériles ; il importe de s'opposer à la marche rapide de ce torrent de destruction, qui menace d'emporter, dans un avenir très-prochain, une des sources les plus considérables de la richesse nationale.

Il est juste de dire que bien des efforts infructueux jusqu'à ce jour ont été tentés, et que les hommes les plus considérables de la science, de nombreuses Sociétés d'agriculture ont cherché à résoudre cet important problème. Je vais indiquer, dans une seconde étude, en abordant le côté scientifique de la question, les mesures qui ont été prises, et la part qui revient à chacun dans cette œuvre de salut.

IV

L'existence du ravageur de la vigne est incontestable. — Est-il la cause ou l'effet de la mortalité ? — Opinions différentes. — Nombreuses controverses. — Cause directe, mais non pas unique. — Influence des climats sur la végétation. — Observations diverses, état maladif de la vigne. — Les parasites. — Caractère des invasions.

L'existence du phylloxera (1) n'est aujourd'hui contestée de personne. Cet insecte est-il la cause de la maladie, n'en est-il, au contraire, que l'effet? Là commencent le doute et les nombreuses controverses qui se succèderont peut-être, ainsi que cela est arrivé pour l'oïdium, jusqu'au jour où l'on aura trouvé un moyen pratique de rendre à la vigne les conditions normales de sa végétation. La première opinion est la plus généralement admise, et, à part quelques célébrités agricoles qu'il faut citer, je n'ai guère entendu soutenir la seconde que par un petit nombre de viticulteurs parfaitement inconnus, du reste, fiers de ne pas penser comme tout le monde, jaloux de soutenir une théorie nouvelle, en affirmant que l'insecte est le résultat de la mortalité des vignobles, qu'il est engendré par la décomposition du cep, lorsqu'il se trouve placé dans des conditions climatériques défectueuses, et que c'est là une loi de la nature que l'on ne saurait méconnaître.

Cette thèse du phylloxera effet, a été très-sérieusement discutée par M. Armand, membre du Comice agricole d'Uzès. Il s'exprime dans ces termes, dans un article que reproduisait le *Messager du Midi,* dans son numéro du 8 juin 1872 :

« La maladie est la conséquence des influences cli-
« matériques sur les terrains en vignes ; lorsque la

(1) Phylloxera signifie : qui dessèche les feuilles.

« terre est saturée de ce principe morbide, la souche
« se pourrit, les insectes en dévorent la racine. Le
« phylloxera ne cause pas la maladie, il est le produit
« du principe morbide qui atteint la souche. »

A quelques divergences près, cette opinion est par-
tagée par MM. Joigneaux, Bovet, Guérin-Méneville,
Pellicot et Heuzé. M. le baron Thénard va plus loin encore, et, dans la séance de l'Académie des Sciences du
9 septembre 1872, il développe ainsi sa pensée :

« On a dit : Il faut détruire le phylloxera qui envahit
« les vignobles ; moi je dis : Il faut détruire les vignes
« qui produisent le phylloxera. » Il ajoute que l'on a
trop négligé l'étude des terrains, qu'il existe certains
sols où l'on ne devrait jamais songer à cultiver la vigne,
et que si l'on persiste, elle donnera toujours des résultats
dont l'on ne saurait être étonné.

Je ne partage pas cette théorie trop absolue, fort sou-
tenable, du reste ; je me range à l'avis des maîtres de
la science viticole qui n'hésitent point à repousser de
semblables assertions comme nullement exactes, et peu
conformes aux faits que nous fournit l'expérience.

Il serait cependant téméraire de nier que certaines
conditions locales n'influent pas d'une façon fâcheuse
sur l'existence des cépages ; que la nature des sols, le
climat, de brusques alternatives de froid ou de chaleur,
des sécheresses prolongées, des pluies trop abondantes
ne puissent avoir de désastreux effets sur cette culture.
Il en est de la vigne comme des autres arbustes, elle
exige certaines conditions météorologiques, qui nuisent,
quand elles n'existent plus, à son développement et à
la qualité de ses fruits. Au surplus, ces discussions sont
du domaine de la science purement théorique, et les
principes en sont exposés avec la plus grande netteté et
les développements qu'ils comportent dans les ouvrages
spéciaux que tout le monde pourra consulter. Il est donc

plus généralement admis aujourd'hui que le phylloxera est la cause principale, sinon la seule, de la maladie, et que la mortalité des vignobles est le résultat de sa présence sur les radicelles de la souche, aussi bien qu'il reste acquis, que partout où il a pu être sûrement atteint par les insecticides, on a rendu à la vigne sa vigueur première et sa force productive.

Comment expliquerez-vous, en effet, que dans un même territoire, où les conditions de climat ne peuvent varier, parfois à quelques mètres de distance, une plantation soit malade, tandis qu'une autre sera d'une végétation remaquable, et ne présentera aucun des signes extérieurs de dépérissement si faciles à distinguer? Pourquoi aussi les jeunes vignes moins profondément enracinées que les vieilles souches sont-elles plus promptement atteintes, et disparaissent-elles les premières? Enfin, il ne faut pas oublier, c'est là un point essentiel, aussi bien qu'une raison sans réplique, que les insectes classés dans le genre des hémyptères ne peuvent vivre sur un végétal en décomposition, et qu'ils disparaissent quand la vie cesse chez l'arbuste. C'est à tort, disons-le ici, que certains entomologistes ont cru devoir classer le ravageur de la vigne dans le genre des homoptères, sans tenir compte de ses habitudes et des caractères génériques de concordance exacte qu'il présente avec ceux du phylloxera *quercûs,* qui est parfaitement connu depuis plusieurs années, surtout des forestiers.

Il ne faut pas cependant se renfermer dans les limites étroites d'une idée; il importe, au contraire, de considérer la nouvelle maladie à un point de vue plus général et moins circonscrit; voici pourquoi M. Guérin-Méneville pense « que cet insecte, si éminemment parasite, ne peut être la cause première et unique de la mort de la vigne, mais seulement la conséquence de son état maladif. »

Quelles sont donc les causes de cet état de souffrance dont parle ce savant agriculteur ? Elles sont nombreuses. Je viens de les indiquer il n'y a qu'un instant, elles proviennent en général de la sécheresse, d'un défaut de culture, des vices de la taille, qui ont une influence très-défavorable sur le végétal, et doivent certainement aider au progrès de la maladie. Les cultures soignées, les fumures abondantes, bien choisies, les soins que doit apporter le vigneron au traitement de son plantier, suivant les cépages qu'il cultive, sont des moyens de résistance, et l'on doit admettre que les causes de mauvaise végétation et de culture défectueuse déterminent plus rapidement l'invasion phylloxérique. A mon avis, ce ne sont, cependant, que des préservatifs sans valeur réelle, lesquels ne parviendront jamais seuls à faire disparaître le phylloxera, qui, jusqu'à présent, se propage à l'infini, et reprend chaque année au printemps sa marche envahissante.

Je le répète, on ne peut nier aussi l'action favorable de certaines situations atmosphériques sur le développement des nombreux parasites dont souffre l'agriculture, mais il y aurait erreur à croire qu'elles ont seules suffi à cette multiplication.

S'il en était ainsi, l'action eût été continue et croissante ; les invasions de cette nature présentent, en général, le caractère d'un phénomène subit, imprévu, violent à l'origine, atteignant bientôt le maximum de sa puissance, puis décroissant lentement, disparaissant enfin, pour se représenter à des époques variables, et qu'il n'est pas possible de déterminer.

V

Découverte du Phylloxera. — Premières observations de l'insecte aptère et ailé. — Sa description sous ces deux formes. — Faits entomologiques. — Epoque, mode de dissémination. — Reproduction. — Importantes questions à résoudre. — Signes extérieurs de la présence du puceron dans un vignoble. — Les trois phases qui précèdent la mortalité. — Insuccès des premiers essais, expériences mal dirigées. — Résultats fâcheux sur l'opinion publique.

Le phylloxera, qui peut être rangé parmi les plus redoutables ravageurs de la vigne, fut découvert, vers 1856, en Amérique, par Asa Fitch, qui le désigna sous le nom de *Pemphigus viti-foliæ*, alors que l'entomologiste Riley affirmait le premier que cet insecte revêtait quelquefois la forme ailée.

Quelques années plus tard, le docteur Westvood signalait sa présence en Angleterre dans les galles des feuilles, et l'appelait *Perytimbia vitisana;* en 1869, il complétait ses études par un remarquable article sur le phylloxera actuel de la vigne.

Il reconnaissait l'avoir étudié sous ses deux formes aérienne et souterraine, et n'hésitait plus à l'assimiler au type observé dans les vignobles de Vaucluse par M. Planchon, qni lui donnait le nom de *Rizaphis*, avant que la connaissance de la forme ailée, qu'il n'avait pu constater, eût permis de le rapporter définitivement au genre phylloxera, et de lui donner un qualificatif qui lui est parfaitement applicable. C'est sans nul douté cette diversité de forme de l'insecte qui explique pourquoi trois naturalistes lui ont attribué, dès le début, un nom différent.

Là se place naturellement la description du pyhlloxera; il importe, pour que ce travail soit aussi complet que possible, de désigner les caractères génériques de ce microscopique insecte, les formes diverses qu'il revêt, ses habitudes, enfin sa façon de vivre aux diverses phases de son existence, dont l'on a pu se rendre compte. Il est utile aussi de rechercher, ce qui est en réalité la vraie difficulté du problème vinicole, comment il se propage, et à quelle époque de l'année il serait préférable de tenter de le détruire. On ignore, du reste, la durée totale de la vie, celle de la période à l'état d'œuf, le nombre des mues, le temps qui les sépare ; questions toutes très-obscures, sur lesquelles la science entomologique n'a pu encore donner des explications satisfaisantes.

Les travaux de MM. Planchon et Lichteinstein, de Montpellier, faits avec un talent et une érudition remarquables, suffisent cependant, joints à ceux de M. le docteur Signoret, pour renseigner sur les faits aujourd'hui acquis, les viticulteurs, qui peuvent consulter avec beaucoup de fruit ces excellents ouvrages. Je me bornerai donc à résumer, sous une forme aussi claire que possible, les notions qu'il est indispensable de connaître, pour que les études expérimentales soient conduites d'une façon intelligente et méthodique.

Voici, d'après les auteurs qui l'ont étudié avec le plus de soin, les caractères entomologiques du redoutable ennemi de la viticulture. Le phylloxera est un puceron infiniment petit, à peine perceptible pour un œil exercé. Vu au microscope, il apparaît sous une forme ovale, de couleur jaune verdâtre, plus ou moins foncée. Le corps est aplati à la face intérieure, convexe sur la face dorsale, uniformément rayé et semé de points noirs. La tête, cachée sur la saillie antérieure du corselet, est munie d'antennes rabattues. L'insecte porte six pattes terminées par des crochets, et, immédiatement sous la tête, une mandibule ou suçoir, formée de trois soies grêles, avec lequel il aspire les sucs nourriciers des racines de l'arbuste auquel il s'attache.

Dès la sortie de l'œuf, qui est jaune orange, parfois strié de taches blanches, le phylloxera est très-vorace, fort, agile et se déplace avec une merveilleuse facilité ; il a tout au plus alors un quart de millimètre de longueur, il passe à l'état de nymphe et se transforme fréquemment en un très-petit moucheron, pourvu de quatre ailes disposées suivant le même plan.

Le phylloxera aptère attaque les radicelles de la vigne, dont il est très-friand ; sous la forme aérienne, il s'installe sur les feuilles, où il détermine des galles qui n'ont encore été constatées que sur des cépages exotiques. L'insecte des galles est, du reste, en tout semblable à l'autre, dont il ne diffère, au point de vue physique, que par l'absence des tubercules qui se trouvent sur le dos de son congénère.

C'est vers le milieu de juin, d'autres fixent une époque plus éloignée, que commence généralement l'émigration. L'insecte ailé, dont la couleur est d'un jaune plus clair, peut transporter à plusieurs kilomètres de distance sa redoutable famille. Quelles sont les lois naturelles qui président à cette dissémination ? Où la femelle dépose-t-elle ses œufs ? Autant de points inconnus, qu'il sera pourtant indispensable d'éclaircir.

A cette époque, vous pouvez observer dans les vignobles des toiles d'araignées du genre *epeira*, verticalement tendues, qui contiennent souvent de nombreux insectes, et qui peuvent, dès lors, être très-utiles pour les études de cette nature. Vous y rencontrerez aussi beaucoup de phylloxeras aptères, parce que l'on suppose plus généralement que ce n'est que vers la fin de l'été que plusieurs individus prennent la forme ailée.

Je me bornerai, pour le moment, à citer, sans commentaires, l'opinion d'un savant. M. Signoret, dans son ouvrage intitulé *Le Phylloxera de la vigne*, affirme qu'il se produit neuf générations successives de pucerons dans les trois mois d'été. A l'engourdissement et à l'immobilité qui les frappe l'hiver, succède le réveil du printemps; la reproduction est alors rapide et les jeunes sujets sont adultes au bout de dix jours.

La présence de ce parasite, qui s'établit sur la vigne pour s'y nourrir, se reconnaît à des signes qu'il importe de bien préciser, et produit des désordres qui amènent fatalement sa mort. Quand on examine les racines d'un cep attaqué, on remarque que les radicelles sont molles et décomposées; les tissus cèdent à la pression du doigt; les racines ne sont plus cylindriques, mais elles présentent des nodosités que l'on ne constate pas d'ordinaire chez l'arbuste bien portant. La pourriture commence le plus généralement par le chevelu; bientôt elle atteint les racines principales, puis enfin le tronc, qui se dessèche à son tour et n'offre plus aucune trace de végétation.

Ces désordres physiologiques proviennent, sans aucun doute, de piqûres constantes qui irritent les tissus cellulaires du végétal, et produisent ces nodosités, signe le plus caractéristique de la maladie nouvelle. C'est une hypertrophie, qui n'est le fait ni de la gelée ni de l'humidité, ni des conditions du terrain, ni de l'âge de la souche, mais le seul résultat de la succion de l'insecte, qui entrave la marche de la végétation en absorbant les éléments nutritifs de la plante, qui dès lors ne tarde pas à s'étioler et à mourir.

La vigne attaquée par le puceron présente trois phases bien spécifiées, qui ne peuvent laisser aucun doute à un observateur attentif. Le trait caractéristique et primordial, c'est l'existence, dans tous les vignobles nouvellement atteints, d'un centre d'attaque, généralement situé à l'intérieur, quelquefois mais rarement sur les bords, que M. Gaston Bazille a très-judicieusement

qualifié de *tache d'huile*, attendu que l'insecte s'avance
d'une souche à l'autre, soit par la surface du terrain,
soit par les profondeurs du sol en suivant les racines et les
fissures, de telle façon que la maladie, qui est la conséquence de sa présence, procède toujours du centre à la
circonférence.

La première année, les ceps ont une vigueur exces-
sive et paraissent d'une végétation luxuriante ; en arra-
chant une souche, on y constate bien la présence du
phylloxera en très-grande quantité, mais qu'importe
au vigneron, puisque les sarments sont longs et les
grappes nombreuses ? Dès la seconde année, le bois n'a
plus que 15 à 20 centimètres de longueur, les feuilles
deviennent ternes, sont rares, et l'on remarque aussi
peu de raisins sur la tige que d'insectes sur les racines.
Dans la dernière période enfin, le puceron a complètement disparu ; il a abandonné l'arbuste qui ne peut plus
lui fournir la nourriture dont il est friand ; c'en est fait,
le cep est condamné, ou plutôt il est mort, car il ne
donnera plus ni feuilles ni sarments.

J'ai été témoin souvent de ces faits qui se reprodui-
sent toujours dans le même ordre, toutes les fois qu'un
vignoble est atteint. J'ai constaté aussi partout la marche graduelle de la nouvelle maladie, notamment dans
une vigne située non loin de Montélimar. En 1871, elle
produisait une récolte exceptionnelle ; en 1873, ce
vignoble ne donnait plus que 450 kilogramme de mau-
vais raisins à l'hectare, malgré les soins apportés à la
taille, la bonne culture du terrain, et l'emploi d'engrais
de première qualité qui y avaient été répandus avec
abondance.

Les faits que je signale ne sont malheureusement
pas nouveaux ; personne ne les ignore, car à quelques différences près, ils sont toujours les mêmes
dans les vignobles atteints, de la Drôme ou de

ceux dans la région du sud-est, dont la fortune agricole est si gravement compromise. Il n'y a pas à s'y tromper. Ces trois phases se manifestent infailliblement dans la végétation, et nous constatons, quoique la maladie continue sa marche envahissante, aujourd'hui moins souvent qu'au début, ces cas foudroyants qui nous faisaient nous méprendre sur les véritables caractères du fléau.

Les vignerons ont d'abord été effrayés ; on a fait, comme cela arrive toujours en présence d'un fait anormal et inattendu, une foule de conjectures, propagé d'invraisemblables suppositions, parlé d'un principe morbide mal défini résidant dans l'air, de la nature des sols complètement modifiée sous l'influence d'agents électriques, que sais-je encore, cent hypothèses inadmissibles qui nous amuseront beaucoup, quand on aura trouvé un remède d'une simplicité telle, que tout le monde vous dira y avoir songé le premier.

Cette terreur naturelle, que la maladie de la vigne a produite au début, s'apaise et tend à disparaître. On finit par s'habituer à tout ; après la lassitude vient d'ordinaire la résignation. Quand il se produit un événement imprévu, qui nous frappe, qui exerce autour de nous une action nuisible, nous montrons une incroyable ardeur, pour chercher à l'éloigner et à en atténuer les effets ; il nous semble que rien ne nous résistera, que c'est la chose la plus simple et la plus facile du monde. Cette ivresse se calme bientôt, en présence de l'insuccès l'oubli arrive, et après lui une indifférence complète.

L'accident, c'est le coup de fouet qui nous éveille un instant ; après quoi nous retombons dans cette incroyable inertie, qui est, en somme, le fond de notre caractère, qui nous fait oublier le passé, et nullement nous préoccuper du lendemain.

Sans nous arrêter davantage à ces ardeurs presque inconscientes, voyons ce qui est arrivé quand on s'est rendu un compte plus exact et plus vrai de la situation ; les efforts que l'on a faits, ce qu'ils ont produit, ceux qu'il reste à tenter encore, et les résultats qu'il est permis d'en attendre.

<h2 style="text-align:center">VI</h2>

Sociétés agricoles du Midi. — Société des Agriculteurs de France. — Commission de la Drôme. — L'Académie des Sciences. — Commission de l'Assemblée nationale. — Mesures préventives. — M. Planchon en Amérique. — Expériences faites dans la Drôme. — Primes diverses. — Prix offerts par l'Etat. — Concours scientifiques. — Les Compagnies de chemins de fer. — Les inventeurs et la réclame.

Les départements du Midi, les premiers menacés ou envahis par la nouvelle maladie, ont aussi été les premiers à s'effrayer de la marche rapide du phylloxera ; et nous voyons les hommes les plus distingués de la science, tous ceux qui s'occupent sérieusement des questions agricoles, se mettre courageusement à l'œuvre, pour chercher le moyen d'arrêter la propagation de ce redoutable ennemi de la vigne.

Si l'on n'a pas encore réussi dans cette lutte, qui se poursuit avec une activité remarquable, il ne faut pas en conclure que ces études empiriques auront été inutiles ; il y a lieu d'espérer, au contraire, qu'elles seront le point de départ d'observations nouvelles, plus sérieuses, mieux comprises, dirigées avec plus d'intelligence, qui feront qu'un praticien heureux trouvera le moyen de débarrasser nos vignobles de l'un des insectes les plus nuisibles qui aient encore paru.

Les Sociétés d'agriculture de l'Hérault, du Gard, de

Vaucluse, préoccupées des intérêts viticoles de la région méridionale si gravement compromis, ont encouragé les recherches de toute nature; elles ont fait des expériences qui commencent à jeter un jour nouveau sur la question, en la dégageant de toute l'obscurité dont elle paraissait enveloppée au début.

La Société des Agriculteurs de France a également fixé son attention sur cette désastreuse maladie. Elle aura le mérite d'avoir cherché, dès l'origine, à la prévenir, à l'enrayer dans sa marche, pour la frapper avec plus de facilité. Le 23 décembre 1868, elle nomme dans ce but une commission qui se compose de MM. le vicomte de la Loyère, le comte de Lavergne, Gaston Bazile, Duchartre, Grandeau et baron Thénard. Depuis lors, cette commission n'a pas cessé de travailler, de résumer, d'accord avec la section de viticulture, l'ensemble des observations qui ont été faites, de contrôler les expériences qui lui ont été soumises, et de confirmer ou de mettre à néant la valeur des faits recueillis dans les localités où la culture de la vigne tend à disparaître.

Dans le département de la Drôme, où l'arrondissement de Montélimar a le plus souffert et a été le plus cruellement éprouvé, l'autorité administrative a dû prescrire des études spéciales : c'est à cet effet qu'une commission départementale, chargée de suivre les progrès de la maladie, d'examiner tous les renseignements propres à éclaircir et à diriger les vignerons dans le traitement des vignobles envahis par le phylloxera, a été instituée en 1872. J'ai cru qu'il ne serait pas inutile de transcrire ici l'arrêté préfectoral, ainsi que le nom des personnes qui y sont désignées.

Maladie de la Vigne.

Extrait du Registre des Arrêtés du Préfet de la Drôme.

Nous Préfet du département de la Drôme ;
Vu les instructions ministérielles du 22 juillet 1871 et 12 mai 1872 ;
Vu la dépêche de M. le ministre de l'agriculture et du commerce, en date du 30 juillet dernier ;

Arrêtons :

Art. 1er. — Une Commission est instituée dans le département de la Drôme, à l'effet d'étudier la marche du Phylloxera Vastatrix, — d'expérimenter les procédés pour le combattre et de surveiller la mise à exécution des mesures préservatrices recommandées par l'expérience.

Art. 2. — Sont nommés membres de ladite Commission :

Président : M. Dupré de Loire, président de la Société d'Agriculture.

Membres :

MM. de Bimard, président du Comice de Chabeuil.
de Labaume, — — de Pierrelatte.
Athénor, — — de Crest.
Goubert, — — de Grignan.
Prunier, — — de Suze-la-Rousse.
Thannaron, vice-président de la Société d'Agriculture.
Daruty, — pharmacien à Valence.
Roux, — — —
Johanys, chimiste.
Agnel, propriétaire.
Naudin, vétérinaire au 19e d'artillerie.
Odon Gaillard, docteur-médecin.
de Bovis, vérificateur de l'enregistrement.
Th. Dupré-Latour fils, propriétaire.
L. Gilly, —
Jules Servan, à Pont-de-l'Isère.

Dugas, à Lavache.
Morin-Latour, à Livron.
Blancard, à Allex.
Parisot de la Boisse fils, à Etoile.
Léouzon, à Loriol.
de Gallier, à Tain.
Degros, à Mercurol.
Saunier, à Alixan.
Larat, à Romans.
Desgaret, à St-Marcel.
Barre, à Bezayes.
Perrier du Palais, à St-Donat.
E. Bovet, à Crest.
Servière,   —
Tavan, à Aouste.
Alvier, à Saillans.
Capelle, à Chabeuil.
Faure, à Montmeyran.
Berger, aux Teppes.
Taillotte, pharmacien à Die.
Lamorte Félines, juge de paix.
Brun, pharmacien à Montélimar.
Buis, propriétaire à Sauzet.
Bonfils, à la Bâtie-Rolland.
L'abbé Charvat, à Réauville.
Faure, à Grignan.
Loubet père, à Marsanne.
Champin, à Charols.
Meynot, à Donzère.
Zaccharie, à Pierrelatte.

Art. 3. — M. le Président de la Commission est chargé d'assurer l'exécution du présent arrêté.

Fait à Valence, le 29 août 1872.

Le Préfet de la Drôme,

PR. ANDRÉ.

L'Académie des Sciences, dont il est intéressant de
consulter les bulletins, charge, vers la même époque,
MM. Balbiani, Cornu et Duclaux de se rendre dans le
Bas-Languedoc pour y étudier l'insecte. Enfin de tous
côtés, on fait les plus louables efforts, soit pour guérir
radicalement le mal, soit pour le circonscrire sur un
point où il puisse être plus facilement combattu.

Faut-il aussi rappeler que l'Assemblée nationale a
donné mission à MM. le duc de Crussol d'Uzès, de la
Sicotière de Tarteron, de Larcy, Prax-Paris, Laget,
Jullien, de Grasset, Larrette, d'Abadie, de Barras, Du-
cuing, Destremx, Dupin, Viennet et Vitalis, d'étudier
dans tous ses détails cette importante question ? La commission, qui a accepté cette tâche longue et laborieuse,
fonctionne avec beaucoup d'activité et de régularité ;
elle apporte un soin spécial à l'étude des nombreux dos-
siers qui lui sont communiqués, afin de pouvoir se prononcer en connaissance de cause, et de proposer le plus
tôt possible les mesures législatives qu'il est temps de
prendre, pour généraliser les moyens qui lui paraîtront
les plus propres à améliorer la situation actuelle.

A côté des études scientifiqnes, nous voyons aussi se
produire les mesures préventives. Le 7 septembre 1872,
le Ministre de l'Agriculture prescrit que les ceps atteints
de la maladie seront arrachés et brûlés sur place. Les
préfets des départements, que vise cette circulaire,
prennent des arrêtés qui sont d'abord exécutés partout,
mais aux dispositions desquels on doit bientôt renoncer,
en présence des difficultés qu'ils présentent, du préjudice
notable qu'ils causent au propriétaire et du peu d'effet
qu'ils produisent sur la dissémination de l'insecte.

M. Lalimau, de Bordeaux, qui a présenté sur la maladie des observations aussi justes que complètes, remarque que divers cépages américains résistent plus facilement aux attaques du phylloxera. Dans l'état de Phila-

delphie, le Missouri et l'Amérique du Nord, où cet insecte est connu depuis plus de quarante ans, on a constaté que quelques espèces de vignes n'y sont jamais atteintes. C'est pour vérifier ce fait, étudier le parti que l'on peut tirer de certains plants exotiques, leur caractère particulier, les moyens de les acclimater en France, qu'au mois de juillet 1873, M. Planchon, de Montpellier, est désigné par le Gouvernement pour se rendre en Amérique, afin d'étudier spécialement les vignes de cette contrée qui pourraient être introduites et propagées en France, et sur lesquelles il serait possible, au moyen de la greffe, de conserver nos meilleures espèces de raisins.

Ce savant botaniste a tout récemment rendu compte de sa mission ; je me propose d'en faire connaître les principaux résultats quand je traiterai des moyens reconnus les plus sérieux, qui me paraissent préférables, et de nature à fixer l'attention des viticulteurs.

On a fait, jusqu'à ce jour, bien des efforts infructueux pour arriver à trouver un moyen pratique de régénérer la viticulture, qui nous apparaissait toujours possible. Il s'éloigne cependant de nous comme ces lacs sans réalité qui semblent couvrir le désert et qui ne sont que l'effet d'un mirage trompeur, que l'espace emporte à mesure que le voyageur en approche.

De quelque côté que l'on tourne les yeux dans cette contrée aujourd'hui si éprouvée, naguère encore florissante par ses produits viticoles, on ne rencontre que de nombreuses Sociétés se livrant à des études expérimentales de toute nature. Dans le Midi, la submersion des vignes préconisée par M. Faucon, que M. Morin-Latour applique à Livron, dans d'importants vignobles, procédé que je me propose du reste d'apprécier plus longuement, fait de notables progrès. Les syndicats s'organisent, et de puissantes machines à élever les eaux commencent à fonctionner. Vous y trouverez, comme je le disais, des hommes instruits, laborieux, patients et dévoués, qui consacrent leur temps, parfois une partie de leur revenu à des recherches qui auraient pour résultat, en cas de succès, de rendre à leur pays sa richesse première. Le département de l'Hérault doit être, à ce point de vue, classé au premier rang pour les nombreux écrits qui ont été publiés, et qui sont un puissant auxiliaire, pour une certaine classe de viticulteurs qui veulent tenter, aussi bien dans leur intérêt que dans celui du public, de rendre à la végétation les conditions normales qui lui manquent.

Il serait trop long d'énumérer ici tous les travaux qui ont été entrepris sur les différentes questions qui font l'objet succinct de ces études, de désigner toutes les brochures qui ont paru, d'analyser leur contenu, d'indiquer les nombreuses controverses qu'elles renferment, et les solutions diverses qu'elles proposent. La science théorique n'est point le fait des vignerons ordinaires ; ce qu'il leur faut surtout, ce sont des instructions simples et précises, qu'ils puissent comprendre à première lecture, pour les appliquer avec intelligence. C'est là une idée à mettre à profit ; je la recommande aux commissions départementales, qui doivent surtout avoir en vue, d'amener les propriétaires à continuer la lutte et à sortir d'un découragement où les maintient encore leur ignorance.

Dans la Drôme, on ne s'est pas tout d'abord rendu un compte bien exact de l'importance du fléau ; les essais ont été timides, incertains, on les a bientôt abandonnés, pour arracher les vignes, et approprier ces terrains à d'autres cultures. Il ne faut pas oublier cependant de signaler un intéressant travail publié, il y a deux ans, par M. le Président de la Société d'Agriculture de Valence.

M. de La Baume, Président du comice agricole de
Pierrelatte, qui, du reste, a le mérite d'avoir signalé,
dès 1868, dans une lettre à M. Cazalis, la présence du
phylloxera sur les souches malades, adopte l'idée que
l'insecte est vraiment la cause de la maladie, et fait dans
ses vignobles de nombreuses expériences à l'aide de
substances toxiques qui n'ont encore produit aucun
résultat. M. Henri Joulie adressait également, à cette
époque, un mémoire sur la maladie de la vigne, à la
Société centrale d'Agriculture de la Seine, qui fut reproduit par le *Messager agricole du Midi*, et dont les conclusions fixèrent alors l'attention publique. M. Goubert,
Président du comice agricole de Grignan, attribue à la
sécheresse les causes de la maladie; il dit avoir constaté, en 1868, la présence de myriades d'insectes qui
pullulent à l'infini, et qui meurent quand on les expose
à l'air.

Je parlais tout à l'heure d'essais timides et incertains, que je ne puis signaler tous; je complète ma
pensée; je n'ignore pas, en effet, que lorsque le découragement est général, il y a toujours quelques efforts
individuels qui se produisent; on doit rendre justice à
ces travaux modestes dus à l'initiative privée, ils sont
louables à tous égards, et méritent le succès qu'ils
recherchent.

A toutes ces études, les encouragements n'ont pas
manqué, les Sociétés d'Agriculture ont, en général, fait
les sacrifices que leur permettait leur situation finan-
cière; les Conseils généraux ont également étudié
avec soin de quelle façon ils devaient contribuer à une
œuvre qui offre un caractère d'utilité publique de
premier ordre. Le Gouvernement, par circulaire minis-
térielle du 22 juillet 1871, offre un prix de 20,000 fr. à
l'inventeur d'un remède contre le phylloxera. La commission de l'Assemblée nationale proposera, sans aucun

doute, de l'augmenter, car la récompense doit être en rapport avec le service exceptionnel qui sera rendu. Le Conseil général de l'Hérault vote, le 22 août 1872, une prime de 5,000 fr. ; celui du Gard, dans sa séance du 22 avril de la même année, offre 10,000 fr. à l'inventeur d'un procédé infaillible.

Le 17 mars dernier, le Ministre du commerce met à la disposition de l'Académie des Sciences une somme de 20,000 fr. pour ses études relatives au phylloxera. La Société d'encouragement pour l'Industrie nationale décernera, en 1874, un prix de 2,000 fr. au mémoire concernant la propagation du puceron d'un cep à l'autre ; et la Société des Agriculteurs de France se propose de récompenser le meilleur travail qui paraîtra sur le terrible ravageur.

Frappées d'une situation qui peut avoir pour leur trafic les plus déplorables résultats financiers, les Compagnies de chemins de fer se sont aussi justement émues. Pour utiliser leurs wagons de retour, elles ont les tonneaux vides, et il est certain que la quantité de ce fret a diminué dans des proportions sensibles, sur la ligne de P.-L.-M. La Compagnie d'Orléans, qui serait bientôt atteinte de la même manière si le Bordelais était envahi, offre également un prix de 20,000 fr. à l'inventeur d'un remède efficace.

Je n'insiste pas davantage, mon but était surtout de démontrer tous les sacrifices que l'on s'impose pour encourager les recherches et tenter les novateurs.

Je me réserve d'exprimer à ce sujet mon opinion personnelle dans un des chapitres suivants, d'appeler l'attention sur les résultats qu'ont produits ces alléchantes promesses de primes considérables. Malheureusement elles n'ont pu être encore distribuées, elles restent comme un appât qui tente bien des gens, sont l'occasion de productions souvent absurdes ; enfin le prétexte de réclames incroyables, dans lesquelles des inventeurs, inspirés surtout par leur propre intérêt, préconisent leur insecticide· et trouvent de cette façon de nombreux acheteurs pour leur impuissante marchandise.

Voyons maintenant l'ensemble des mesures scientifiques qui ont été proposées, en dehors de. ce charlatanisme inavouable ; les remèdes que les savants ont expérimentés sur une vaste échelle ; les résultats constatés, et les déceptions qui en sont la suite. Quelquesuns d'entre eux méritent un examen attentif ; ils renferment le germe d'une idée rationnelle, dès lors réalisable ; ils doivent être plus approfondis, mieux étudiés, car c'est de leur combinaison que sortira peut-être le remède à la fois radical et économique que réclame la viticulture.

VII

Siége de la maladie. — Rôle de l'agriculture et de la science. — Audoin et la Pyrale. — Classification des remèdes appliqués à la vigne. — Moyens culturaux. — Nomenclature. — Procédé Lichteinstein. — Les engrais. — Conclusions de M. Cornu. — Conclusions de M. Planchon. — Les cépages américains. — Importation du Clinton.

Quand on connaît la nature d'une maladie, quand, après de longues et patientes recherches, on a pu en déterminer les causes certaines, il semble qu'il ne doit pas être impossible d'en détruire les effets chez le végétal atteint, et de rétablir les conditions physiologiques de son existence. On peut alors le régénérer en lui rendant les principes nutritifs que de mauvaises conditions d'exposition ou de culture lui fournissaient en quantité insuffisante ; ou dont le privait complètement un de ces nombreux insectes qui attaquent les produits de l'agriculture.

Si le siége de la maladie est extérieur, rien de plus simple; le remède est sous la main, il ne reste qu'à demander à la science ou à l'expérience, le plus souvent au hasard, celui de tous qu'il est préférable d'adopter. L'oïdium apparaît, on détruit bientôt ce cryptogame par l'application du soufre; un arbre se pourrit sous l'influence nuisible d'un agent extérieur, il suffit d'enlever la branche malade, de cautériser la plaie avec le coaltar, pour qu'il reprenne sa vigueur première.

Dès qu'il eut observé que le papillon de la pyrale pond en été, que les jeunes sujets hivernent dans les fissures des échalas, surtout dans celles de la souche, Audoin renonça à ses fumigations d'acide sulfureux; il conseilla alors d'arroser pendant l'automne les ceps avec de l'eau bouillante et rendit un service signalé à la viticulture en lui indiquant un remède aussi simple que pratique.

La science a un rôle qui diffère de celui de l'agriculture, mais elles se complètent l'une l'autre. C'est à la première qu'il appartient de préciser le lieu, le temps convenable pour attaquer l'ennemi; la pratique vient après, il n'est pas difficile alors de trouver les moyens de le détruire complètement.

Quand, au contraire, la maladie est cachée, quand elle attaque une partie du végétal qui échappe à la vue, qu'elle est le résultat de la présence d'un insecte, que nous ne pouvons atteindre, qu'elle se localise sur la souche ou les racines qui s'étendent fort loin et très-profondément dans le sol, nous sommes impuissants. Il ne reste plus alors qu'à arracher les vignes et à les remplacer par des cultures, qui, dans certaines localités, ont réduit la production agricole dans de très-sensibles proportions.

Ces cultures diverses ne sont point, elles-mêmes, exemptes des nombreux insectes qui s'y installent pour vivre à leurs dépens. Les luzernes sont dévorées par les colaspis, les betteraves par l'altize, les pommiers par le puceron lanigère, les fraisiers, les groseillers, les poiriers ne sont pas eux-mêmes épargnés par le phylloxera. On vient aussi de signaler dans plusieurs vignes du Bordelais l'apparition d'un nouveau cryptogame qui s'attache à la souche de la vigne, et augmente ainsi le nombre des ennemis à combattre.

L'insecte est un parasite qui nous fait la guerre, que nous retrouvons partout sous nos pas, qui a cependant sa nécessité dans l'innombrable série des êtres de la création. La nouvelle maladie phylloxérique n'est donc pas un cas isolé, un fait qui doive nous étonner au point de nous laisser indifférents, sous prétexte qu'il est impossible de le faire disparaître. Dans le monde des infiniment petits, il y a de remarquables évolutions, qui se produisent à des siècles d'intervalle ; qui oserait dès lors affirmer que le phylloxera n'ait point été déjà connu, probablement sous une autre dénomination ? Qui pourrait dire aussi qu'après avoir disparu, il ne reparaîtra pas dans quelques centaines d'années ?

Les remèdes qui ont été jusqu'à ce jour appliqués à la vigne malade, sont de différentes espèces ; ils varient par leur nature, leur mode d'application et leurs effets. On peut, d'après M. Planchon, les ranger en trois catégories distinctes, que l'on désigne ainsi :

1° Moyens culturaux ou généraux ;

2° Moyens préventifs ;

3° Moyens curatifs directs par les insecticides.

Il sera intéressant de jeter un rapide coup d'œil sur l'ensemble de ces remèdes, qui malheureusement n'ont produit encore aucun des résultats favorables qu'ils semblaient promettre.

Dans la première catégorie, il faut ranger toutes les méthodes qui ont été indiquées, pour améliorer les conditions défectueuses de la végétation.

Les viticulteurs qui considèrent l'insecte comme la conséquence de son dépérissement, recommandent une bonne culture ; ils affirment que ce doit être la principale, l'unique préoccupation des propriétaires. Enumérer les théories qui ont été produites à ce sujet, analyser les innombrables écrits dans lesquels elles ont été exposées, et qui, au fond, ont tous le même but, serait un travail qui dépasserait les limites de ces études.

Il suffira d'indiquer les principaux moyens connus, de décrire leur mode d'application, laissant au vigneron le soin de choisir ceux d'entr'eux qui lui inspireront le plus de confiance, de les examiner de nouveau, d'en combiner les éléments et de les appliquer enfin ainsi qu'il l'entendra. Il est incontestable que les effets d'une culture soignée se feront sentir sur les vignes, alors même qu'elles seront infestées du phylloxera ; ils pourront atténuer le mal, en retarder la dissémination, prolonger même l'existence des cépages ; mais je persiste à croire qu'ils ne sauraient les guérir d'une façon radicale.

On a proposé pour cette amélioration l'emploi d'une foule d'engrais naturels ou chimiques, le guano, le purin concentré, les fumiers d'étable, les engrais alcalins, les tourteaux de colza, ceux de sézame noir. D'autres agriculteurs conseillent, au contraire, le recépage, le provignage, l'échaudage des racines par la vapeur d'eau, les dissolutions de chaux, l'écobuage. M. Mauduit dit avoir obtenu de bons effets de la culture du *madia sativa* entre les lignes du cep. Cette plante répand dans le sol une odeur asphyxiante à laquelle ne peut résister le puceron. On indique aussi, comme très-efficace, l'ouverture de fossés circonscrivant les points d'attaque et empêchant les migrations de l'insecte.

M. Lichteinstein conseille, à son tour, d'employer le moyen suivant : Quand un vignoble est envahi, il faut, au mois de septembre, enfouir dans le sol de jeunes plants enracinés, dont les radicelles tendres sont un puissant appât pour les phylloxeras. Ils s'y fixent en grande quantité, il est alors facile de les atteindre et de les détruire. On obtiendrait les mêmes effets en provignant à 0,20 centimètres de profondeur les sarments des souches vigoureuses qui forment la limite du mal. Au mois de juillet suivant, il suffira de les enlever et de les brûler, pour débarrasser le vignoble d'une grande partie de ce redoutable parasite. Dans ce pays, l'on a fait quelques expériences de ce genre, qui ont plus ou moins contribué à ralentir la marche du fléau.

Outre ceux que je viens d'indiquer, tout le monde connaît, au moins de nom, cette multitude d'engrais composés, dont les inventeurs vantent la souveraine efficacité, soit pour la vigne, soit pour les cultures fourragères. Dans ces derniers temps, la réclame a pris de gigantesques proportions. Les journaux agricoles surtout contiennent des annonces auxquelles malheureusement se laissent prendre un très-grand nombre de naïfs. J'en connais un entr'autres, tiré exceptionnellement à cinquante mille exemplaires, pour recommander d'une façon spéciale l'insectivore Peyrat, qui offre gracieusement à tout abonné nouveau cinquante kilogrammes de cet engrais purificateur pour la vigne et toutes les terres en culture. Les trois éléments qui entrent dans la composition de ce remède souverain sont l'acide phénique, la naphtaline et la chaux, qui est destinée à neutraliser l'action trop vive des premiers. On l'emploie du mois de septembre à la fin de mai, à raison de 200 grammes par souche, ce qui porte le traitement à cinq centimes en moyenne. De nombreux essais ont été tentés dans le département de la Drôme ; attendons, pour émettre un avis, d'avoir constaté les effets qu'ils produiront ; soyons moins prompts à nous prononcer que la commission de Montpellier, qui déclare qu'il ne paraît pas de nature à donner des résultats satisfaisants.

Il ne faut pas se le dissimuler, l'emploi des engrais, pour combattre le ravageur de la vigne, est aujourd'hui jugé comme inefficace. Voici, à ce sujet, les conclusions de M. Max-Cornu, devant l'Académie des Sciences :

« Les moyens culturaux, les engrais employés seuls,
« ainsi que je l'ai déjà dit, ne peuvent pas et pour des
« raisons *parfaitement sûres*, fournir le remède propre
« à combattre avec succès la maladie des vignes. On
« voit encore malheureusement beaucoup trop d'habiles
« cultivateurs, égarés par des opinions sans base, se
« lancer dans des essais coûteux, dont l'insuccès défi-
« nitif peut être prédit. »

Deux procédés restent en présence : la submersion, et la culture de certaines vignes américaines, que l'on suppose devoir résister aux attaques du phylloxera. On a fait autour d'eux trop de bruit, pour qu'il ne soit pas intéressant de les examiner d'une façon plus attentive, attendu qu'ils sont l'objet d'études sérieuses et d'expériences qui semblent devoir être concluantes.

Au mois de janvier 1873, M. Laliman propose à l'Académie d'acclimater en France quelques variétés de plants américains, qui ne sont pas atteints par l'insecte, qui n'ont jamais cessé, malgré le développement intense de la maladie, de donner d'abondantes récoltes, à l'aide desquels il serait dès lors possible de conserver nos plus précieuses variétés de cépages indigènes. M. Planchon, de retour de la mission qui lui a été confiée par le Gouvernement, a fait connaître le résultat de ses observations. Il reste convaincu que notre phylloxera est le même que celui qui est observé en Amérique, qu'il peut être également détruit par un Acarus qui le poursuit jusque dans le sol, pour en faire sa nourriture habituelle. Il indique aussi différentes variétés de vignes exotiques, qui résistent parfaitement aux attaques de cet ennemi.

Le Conseil général de l'Hérault émet le vœu : « Que « l'Etat fasse apporter des quantités considérables de « plants dont les espèces seraient désignées par la · « Société d'Agriculture pour être mis à la disposition « des propriétaires qui les demanderaient pour instituer des expériences. »

Parmi les espèces réfractaires, il faut signaler d'abord le Summer grape *(vitis æstivalis)*, de Michaux ; le Scuppernong, originaire de la Caroline du Nord, qui porte le nom de la rivière sur les bords de laquelle il a été découvert. Il appartient au type Vulpina, est à l'abri des gelées tardives par une vigueur incomparable, et possède une fécondité extraordinaire ; mais il ne peut être sûrement cultivé que par plants enracinés, et ne se reproduit pas par boutures. ·

J'ignore s'il faut attribuer les mêmes qualités au Flowers', au Thomas de la Caroline du Sud, enfin au Fender-Pulp, qui provient, dit-on, d'un semis de cette première variété. Faut-il citer aussi comme offrant la même garantie, le Norton's Virginia, le Cynthiana, l'Herbemont, le Post-Oak, l'Emiley et l'Ives-Seedling ?

Etant admis qu'il soit possible d'acclimater dans le Midi de la France quelques-unes de ces espèces, chaque localité pourrait, à l'aide de la greffe, conserver ses crus ainsi que la qualité de ses vins. Dans cette hypothèse, M. Bouchet recommande l'emploi de la greffe-provin pour reconstituer les vignes, celui de la bouture greffée pour les plantations à effectuer.

Il n'y a, dans le département de la Drôme, qu'un petit nombre de propriétaires qui aient fait planter des

cépages américains. Le premier que l'on ait pu expérimenter est le Clinton; il appartient, paraît-il, au genre
vitis cordifolia, qui se voit en grande quantité dans les
environs des chutes du Niagara. Sujet aux galles du
phylloxera, il résiste aux piqûres de cet insecte, possède
de vigoureuses racines dont le chevelu est très-abon-
dant; il peut en outre se multiplier par la simple bouture; c'est le seul qui ait été encore importé en
grande quantité; j'en connais plusieurs plantations
faites au mois d'avril dernier, qui réussissent très-bien.
J'en ai fait moi-même placer cent boutures dans une
vigne phylloxérée presque morte; douées d'une force
de végétation incroyable, elles poussent parfaitement,
les greffes mêmes, malgré nos brusques variations
de température, ont réussi et sont déjà couvertes de
feuilles.

M. Champin, de Salettes (Drôme), a fait acheter des
boutures de Norton's Virginia, Cynthiana, Herbemont,
sur lesquelles il se propose de faire de sérieuses expériences. J'aurai l'occasion de revenir plus tard sur ces
intéressantes études, et de fixer le public sur leur
valeur et leur degré de réussite. En atttendant il reste
acquis que le Clinton, le seul que nous connaissions
bien, est un cépage vigoureux, d'une reprise presque
certaine, produisant, d'après M. Berkmann, un excel-
lent vin rouge, aussi riche en couleur qu'en alcool.

A ce sujet, M. le Président de la Société d'Agriculture de l'Hérault a fait connaître, dans la séance du
23 mars dernier, un fait de la plus haute importance.
Une vigne située à douze kilomètres de Montpellier,
près de Prades, plantée de ceps français et américains,
âgés de trois ans, fortement atteinte du phylloxera, présente un spectacle qui mérite toute l'attention. Les boutures indigènes sont perdues, elles s'étiolent, leurs
feuilles jaunissent ; on reconnaît à leurs pousses courtes

et grêles, qu'elles vont bientôt succomber ; les plants américains sont, au contraire, d'une végétation luxuriante, exceptionnelle, et quoique l'on ne puisse spécifier exactement leur variété, tout porte à croire que ce sont des Clintons, vu leur caractère de ressemblance avec ceux qui se maintiennent si vigoureux dans les terrains du domaine de Restinclières.

Si nous réussissons, les expériences actuelles le prouveront bientôt, la renaissance de notre viticulture est assurée.

VIII

La submersion des vignobles. — Procédé de M. Faucon, ses brochures. — Premier établissement. — Résultats obtenus. — Objections diverses. — M. Duponchel. — Le canal Dumont. — Commission du Phylloxera. — Projet de loi soumis à l'Assemblée nationale.

Partant de ce fait bien simple, que la nouvelle maladie de la vigne prend un développement moins considérable, qu'elle semble même diminuer d'intensité, pendant les hivers pluvieux, M. Faucon, de Graveson, a été amené à penser que le phylloxera pouvait être détruit par la présence de l'eau dans les vignobles, à des époques déterminées. Il a eu le premier l'heureuse idée d'essayer comme traitement les submersions prolongées, quand il a acquis la certitude que les simples irrigations seraient impuissantes. Il conseille, partout où cela sera possible, d'inonder les vignes, soit en automne, soit en hiver ; de les laisser recouvertes d'eau pendant vingt jours, en septembre ou octobre, et trente jours dès le mois de novembre. Tout d'abord on avait parlé de donner à cette nappe liquide une hauteur de 40 à 50 centimètres ; il a été prouvé depuis, par de nombreuses observations, que l'épaisseur est insignifiante. et que, dans tous les cas, une couche d'eau de 10 centimètres semble largement suffire pour asphyxier l'insecte.

Ce savant viticulteur a appliqué lui-même ce système, qui n'avait pas paru d'abord sérieux, dans son domaine du Mas-de-Fabre, planté d'aramons, grenache, mourvède, clairette, distribués sur des surfaces spéciales.

Dans ce vignoble, d'une contenance de 21 hectares, dont la production, en 1869, était descendue à 35 hectolitres, il obtenait, en 1872, 900 hectolitres de vin, grâce à la submersion, et espérait voir la récolte notablement s'augmenter pendant les années suivantes.

L'opération doit être de préférence effectuée en octobre, époque où la multiplication du phylloxera est effrayante. A la fin de ce mois, tout doit être terminé, pour que le vigneron puisse donner ses soins à la taille des cépages, et aux différents travaux de culture. Pour opérer avec succès, il est nécessaire avant tout de disposer les vignobles de façon qu'ils puissent parfaitement retenir les eaux. On obtient ce résultat par la construction de bourrelets ou petits remblais en terre dont la nature des lieux, la déclivité du terrain indiquent suffisamment l'emplacement et le degré de résistance.

Quand on se trouve dans des conditions favorables, les travaux d'endiguement sont d'une exécution facile; ils peuvent être évalués à 100 francs l'hectare environ. La dépense annuelle pour prise d'eau, installation de rigoles de conduite, de distributions, ne dépasse pas 50 francs l'hectare ; il suffit, pour obtenir des résultats analogues à ceux que l'on peut observer dans le domaine de M. Faucon, de pouvoir disposer d'un volume de 5,000 mètres cubes d'eau par 10,000 mètres carrés.

Le procédé que je viens de décrire aussi exactement

que possible, qui est le seul qui ait pu jusqu'à ce jour prolonger l'existence de plusieurs vignes, a provoqué au début d'assez vives discussions, puis soulevé un grand nombre d'objections.

On a dit d'abord que les succès relatifs obtenus par M. Faucon étaient dus à la nature spéciale de ses terrains, à la qualité des eaux limoneuses qu'il dérive de la Durance, à la quantité d'engrais qu'il emploie ; on a également répété que ces irrigations continues ont pour effet de faire croître rapidement d'abondantes herbes, qui épuisent le sol, et de priver la souche du chevelu indispensable à la végétation de l'arbuste. L'auteur, infatigable travailleur, qui fait plus encore de pratique que de théorie, qui poursuit ses études avec une ardeur qui l'honore, a répondu dans de nombreux écrits, dont la lecture offre le plus grand intérêt, à ces attaques imméritées, dont il fait bonne justice. Singulier pays que le nôtre ! Qu'un homme manifeste une certaine indépendance d'esprit, soit dans les arts, soit dans les sciences ; qu'il quitte les sentiers battus de la routine pour suivre une voie nouvelle ; qu'il ouvre à certaines questions des horizons inconnus ; qu'il cherche la solution de quelques-uns des problèmes économiques qui intéressent la société ; qu'il fasse enfin preuve d'intelligence et de philanthropie ; il lui faut aussitôt lutter contre les indifférents ou les niais. Les premiers ne s'en occupent pas, les autres le critiquent, le taxent de vulgaire ambitieux et sèment de difficultés sans nombre le chemin où il s'est engagé. Il faut alors, au modeste ouvrier, une grande énergie, une force de caractère peu commune, pour poursuivre sans découragement l'œuvre qu'il a entreprise.

Il est indubitable que le procédé Faucon est le seul qui ait encore donné des résultats appréciables ; mais il ne faut pas lui reconnaître tous les caractères d'infaillibilité et d'économie qu'on lui prête, il faut surtout faire quelques réserves en ce qui concerne son influence sur la végétation. Je reconnais personnellement sa valeur, mais il se heurte dans l'application à deux grands obstacles : d'abord l'impossibilité d'immerger les nombreuses vignes situées en coteau ; en second lieu, la nécessité de créer des canaux d'irrigation considérables, qui coûteront fort cher, et qui ne pourront fonctionner que lorsque les vignes auront cessé d'exister, ou bien lorsque la maladie actuelle, atteignant une période de décroissance très-marquée, tendra enfin à disparaître, pour un laps de temps impossible à préciser.

Si la submersion est inapplicable dans certaines conditions, il ne faut pas cependant en conclure qu'elle ne doive pas être essayée dans les terrains en plaine, situés à proximité de petites rivières dont les eaux restent souvent sans emploi. Ce sera toujours autant de sauvé, et la production viticole se trouvera par ce fait beaucoup moins amoindrie.

C'est dans cette pensée que M. Duponchel, ingénieur en chef des ponts et chaussées, du service hydraulique dans les départements de l'Aude, de l'Hérault et du Gard, reconnaissant les services que l'irrigation pourrait rendre à la viticulture, proposait récemment d'utiliser les moindres cours d'eau par la création de petits canaux peu coûteux, faciles à installer, dont les frais seraient très-facilement couverts par les propriétaires intéressés.

M. Dumont, ingénieur en chef des ponts et chaussées à Paris, chargé de l'étude des irrigations dans le bassin du Rhône, conseille l'application sur une vaste échelle des submersions dans la région méridionale. Il propose de dériver de ce fleuve un volume d'eau qui, en outre des services rendus à l'agriculture, serait suffisant pour submerger 80,000 hectares de vignobles. Les enquêtes qui ont été faites dans les départements de l'Isère, la Drôme, Vaucluse, le Gard et l'Hérault, sur le degré d'utilité publique de cette grande entreprise, ont été favorables, toutes les commissions ont émis l'avis unanime que le projet fût soumis, aussi promptement que possible, à l'examen de l'Assemblée nationale.

Ces divers projets ont, du reste, éveillé l'attention publique; on comprend leur importance, on se rend un compte plus exact des frais de premier établissement; aussi les populations en demandent-elles avec empressement la réalisation, qui doit être pour l'agriculture une source féconde de nouvelles richesses, tout en augmentant la valeur de la propriété foncière dans des proportions fort considérables.

Généraliser les irrigations, utiliser partout les moindres ruisseaux, créer un réseau complet de canaux, quadrupler les cinq millions d'hectares de prairie, irriguer dans le Midi le tiers des vignobles, augmenter ainsi de plus de trois milliards la richesse territoriale de la France; tels sont à peu près les considérants d'un projet de loi déposé à la Chambre, le 22 juillet 1873, par M. Destremx et soixante-neuf députés, dont l'article premier est ainsi conçu :

« Les propriétaires pourront former des associations
« syndicales pour prendre toutes les mesures nécessai-
« res pour combattre la maladie de la vigne, causée par
« le phylloxera ; et ces syndicats jouiront des bénéfices
« des articles 5, 9, 12 de la loi du 25 janvier 1865. »

IX

Moyens préventifs. — Moyens curatifs. — Nullité des premiers. — Les Insecticides. — Énumération de divers
procédés. — Acide phénique. — Sulfure de carbone. —
Exposé des expériences faites. — Principaux remèdes
étudiés par la Commission de l'Hérault. — M. Holtz. —
Un remède souverain.

Les résultats obtenus par les moyens préventifs sont
sans importance ; on ne s'en occupe plus aujourd'hui,
il suffira donc de les indiquer pour ne laisser dans l'oubli aucun des nombreux remèdes qui depuis si longtemps ont été appliqués sans succès. Au début de la maladie, ils ont eu quelque faveur parce que l'on agissait
au hasard, la science ne nous avait pas encore suffisamment éclairés sur la nature du mal, et l'on acceptait avec
empressement, sans examen préalable, tous les procédés nouveaux qui pouvaient avoir quelque influence
salutaire sur la marche envahissante du fléau.

On a conseillé de badigeonner les ceps avec le coaltar, d'enduire de goudron le pied des souches ; on
a recommandé l'emploi des algues, des zostères des
marais salants, en un mot, de tous les détritus prove-
nant de matières organiques. On a essayé, sans plus
réussir, l'acide phénique, ou carbolique, corps oléagi-
neux, résultat du traitement de l'huile de goudron par
un lait de chaux, substance qui paraît avoir été connue
déjà au temps de Strabon, et qui était le remède que les
Grecs appliquaient à leurs vignes. Quelques chimistes
ont également appelé l'attention sur l'usage des acides
picriques, de la fuschine, de la carmine, etc.

Les moyens curatifs directs par les insecticides sont
plus sérieux ; c'est là, en effet, qu'il faut chercher le
remède pratique, économique et radical, qui doit sauver
la vigne.

Les substances qui ont été expérimentées se rangent, suivant leur nature chimique, dans une des catégories qui suivent :

Produits phéniqués, — sulfurés, — phosphorés, — arsenicaux, — ammoniacaux.

Je ferai grâce au lecteur de la nomenclature aride de ces produits et de leurs termes techniques; il pourra, s'il le désire, trouver dans les travaux de MM. Planchon et Lichtenstein les renseignements qui seraient de nature à l'intéresser, soit sur la valeur intrinsèque de chacun d'eux, soit sur leur mode d'application.

Je vais dire quelques mots seulement du sulfure de carbone, qui est de tous les moyens recommandés celui qui semble promettre le plus, par son action puissante sur le phylloxera.

Au mois de septembre 1873, M. Gaston Bazile fait connaître à la Société d'Agriculture de Montpellier le moyen de destruction employé par MM. Monestier, Lautaud et d'Ortoman. Ce procédé, dont M. de Laval revendique la priorité, consiste à faire pénétrer au pied de chaque cep une quantité déterminée de sulfure de carbone, dont la volatilisation asphyxie l'insecte. On est ainsi parvenu à sauver plusieurs vignobles; depuis, les expériences se poursuivent avec une ardeur qu'augmente encore l'espoir que l'on conserve d'avoir enfin découvert un remède salutaire.

Le sulfure de carbone est liquide, incolore, volatil, d'une odeur forte et fétide. On le prépare chimiquement en chauffant des fragments de soufre et de charbon de bois. Il se volatilise de 12 à 15°, il bout à 45°. Par les dilatations de son gaz enfermé dans le sol, cette substance suit les racines comme un fil conducteur, elle tue instantanément les phylloxeras qui s'y trouvent. Appliqué à une trop forte dose, ce sulfure peut aussi avoir de déplorables effets sur l'existence du végétal.

Il convient de l'employer dans la première quinzaine d'avril, par un temps sec suffisamment chaud ; en contact avec l'humidité, il ne pourrait se volatiliser. On doit avoir soin de manier ce dangereux liquide avec beaucoup de prudence et de précaution, surtout à une grande distance du feu. Voici comment on en dirige l'emploi : on pratique autour du cep malade trois trous de 0,80 centimètres à un mètre de profondeur chacun, à l'aide d'un pal en fer, que l'on enfonce avec une forte masse ; lui substituant alors un tube de verre surmonté d'un godet, on verse la quantité de sulfure qui a été d'avance déterminée. On a remarqué, ainsi qu'il résulte d'expériences faites par la Société d'Acclimatation du Var, qu'à la dose de 150 grammes la vigne est foudroyée ; à 100 grammes, la végétation est languissante ; l'on est arrivé progressivement à reconnaître qu'il suffisait de 30 grammes, pour exercer une action délétère efficace, sans nuire au végétal. La dépense totale ne dépasse guère de cinq à six centimes par souche ainsi traitée.

M. de Laval emploie ce toxique, en dissolution dans une huile fixe, pour obtenir une volatilisation plus lente, partant plus régulière.

Il serait imprudent de se prononcer avant que les savants aient rendu un verdict qui devra être sans appel. Restons à l'abri des insinuations bienveillantes ou malveillantes à ce sujet. Que nous importe, pour le moment, de savoir si le sulfure de carbone active la végétation, s'il peut être appliqué à des doses plus fortes allant jusqu'à 2 et 300 grammes ; s'il atteint le parasite jusque sur les racines extrêmes, ou si, au contraire, cette composition tue instantanément l'insecte et la plante ? Soyons plus réservés, attendons la fin des expériences, qui sont faites par MM. Monestier et consorts, sous le contrôle sévère des membres de la Société de l'Hérault.

Bien des procédés sont soumis actuellement à l'examen de la Commission de Montpellier ; certains d'entr'eux dénotent une ignorance absolue des premières notions d'histoire naturelle ; d'autres sont aussi ridicules que peu praticables, ils accusent chez leurs auteurs l'absence de toute idée raisonnable, ou bien le peu de cas qu'ils font du bon sens public. Citons au hasard quelques-uns de ceux qui échappent à ces reproches :

M. le comte d'Andoque propose d'arroser les souches avec une dissolution de sulfure de potassium ; M. Boissier, de Nîmes, préfère les saupoudrer avec du sel de cuisine moulu. M. Chevalier conseille une décoction de feuilles de noyer ; M. Firmin, de Narbonne, une bouillie de chaux mélangée de sel marin ; M. Loare, de St-Girons, recommande l'emploi du sulfure d'arsenic ; M. Deleuze, de Paris, l'acide phénique en poudre ; M. Rogier, de Poux, ne trouve rien de préférable à la suie ; enfin, M. J. Deleuze dit avoir employé avec succès, dans la commune de Fabrègues, cette dernière matière sur laquelle il versait quatre litres de vinasse, où il avait d'abord mélangé du soufre trituré. M. Falières, de Libourne, qui admet que l'insecte est la cause première de la maladie, veut qu'on l'emprisonne dans les lieux qu'il a envahis, afin qu'il y trouve la mort. Pour obtenir ce résultat, il faut répandre sur une surface déterminée une couche uniforme d'un mélange qui se composera de soixante-quinze parties de plâtre, vingt-cinq parties d'une huile lourde, moitié liquide, moitié solide. M. Dumas, secrétaire perpétuel de l'Académie des Sciences, semble approuver les idées théoriques que l'auteur expose dans le mémoire qu'il lui a récemment adressé au sujet de sa découverte.

M. le docteur Peillard, de Donzère (Drôme), pense, d'après les observations qu'il a faites depuis 1872, que le sable peut être utilement employé comme moyen de guérison. Il propose de placer, au pied de chaque souche malade, une couche de sable pur et fin de 0^m 10^c d'épaisseur, sur un rayon égal, qu'on recouvrira de terre végétale. Ce traitement, qui reviendra à cinq centimes par cep, aura pour résultat à peu près certain de faire périr le phylloxera, soit par écrasement, soit par asphyxie.

Je ne puis, avant de clore cette liste qui est loin d'être complète, résister au désir de signaler, ne fût-ce que pour prouver jusqu'où peuvent entraîner les errements de l'imagination, un remède qui a été indiqué par M. Holtz, ingénieur civil hydroscope, dans une brochure publiée en 1872, dont j'extrais le passage suivant :

« La cause qui produit le phylloxera ne consiste pas
« dans l'affaiblissement proprement dit du sol, ni dans
« la nature des plants, mais dans les mauvaises condi-
« tions où les plants et le sol se trouvent par rapport au
« fluide universel qui nous régit. »

Partant de ce principe que l'électricité est une des causes occasionnelles de maladie chez tous les êtres organisés, il propose l'établissement dans les vignobles d'un *ciel sanitaire*. Ce n'est autre chose, toujours d'après M. Holtz, qu'un grillage modérateur, parallèle au sol, composé de fils métalliques, supportés par des piquets de bois munis d'isoloirs. Chaque rangée de ceps est dominée par un fil; à l'une des deux extrémités, ils se dirigent ensemble vers plusieurs puits évacuateurs de l'électricité. Au-dessus de ces fils, en contact avec eux, doivent être installées avec soin des *pointes métalliques verticales*. Véritable appareil à la Franklin, dont j'avoue n'avoir pu m'expliquer clairement ni le mécanisme ni l'utilité.

Après cela, je ne sais si je dois citer cet inventeur

convaincu, qui conseille sérieusement d'arroser chaque souche malade... avec un *litre de vin blanc alcoolisé*.

X

Résumé de ces études. — Opinion personnelle de l'auteur. — Appréciation des procédés sérieux en cours d'expérimentation. — Conseils aux vignerons. — Bonne culture. — Engrais. — Taille. — La vigne en espaliers. — Les toxiques. — Connaissance plus complète des mœurs du Phylloxera. — Unité d'action dans la lutte. — Impuissance des efforts individuels. — Organisation nouvelle des Commissions. — Syndicats viticoles. — Cotisation des propriétaires. — Contribution de l'Etat et du département. — Conclusion.

J'ai assez parlé des autres dans le cours de cet écrit, pour qu'il me soit permis, au moment de le terminer, de faire connaître à ceux qui me feront l'honneur de le lire, mon opinion personnelle sur l'ensemble des matières qui y sont succinctement traitées. J'ai envisagé cette importante question de viticulture sous ses différents aspects, tâché de ne rien omettre d'essentiel dans le bref exposé des faits acquis à ce jour, m'arrêtant moi-même à la limite où s'arrête la science, forcée d'avouer sa fatale impuissance. J'ai indiqué les opinions diverses émises sur la nouvelle maladie de la vigne, les controverses nombreuses dont elles sont le prétexte, les incalculables moyens qui ont été toujours vainement mis en œuvre ; enfin les théories singulières, souvent absurdes, qui ont trouvé des esprits assez superficiels pour les adopter et les défendre. Je ne me suis pas écarté de l'ordre logique que semblait commander l'examen de toutes ces questions, les embrassant dans leur ensemble. J'ai résumé dans ces études tout ce qui a été dit, écrit ou expérimenté sur le phylloxera vastatrix. Je puis dès lors formuler mes propres idées. Malheureusement, je n'apporterai pas ce remède souverain que demande notre viticulture souffrante. En parcourant avec attention ces dernières pages, le lecteur verra qu'elles reposent sur un examen réfléchi des différents systèmes, et qu'elles sont en tout conformes aux principes de l'histoire naturelle et aux lois de la physiologie végétale.

Je mets d'abord à part la submersion, qui est le seul de tous les moyens qui ait donné des résultats satisfaisants, mais je le crois exceptionnellement applicable, dès lors peu pratique, parce qu'il exigerait, dans les pays viticoles, l'installation de nombreux canaux d'irrigation qui coûteraient beaucoup d'argent. On ne pourra, du reste, a-t-on dit, « indéfiniment maintenir et plan-« ter à nouveau les vignes, à condition de les submer-« ger comme des rizières. »

Deux remèdes sont à l'étude : l'emploi du sulfure de carbone, à l'aide duquel les expériences se poursuivent avec activité, et ne permettent pas de se prononcer d'une manière définitive. Ne serait-il pas possible de le remplacer par un liquide d'un prix moins élevé ? Pourquoi ne pas faire l'essai du sulfate de cuivre, substance moins dangereuse dans son emploi, qui n'offrirait pas pour la vigne les mêmes craintes de nocuité, puisqu'elle fait plus ou moins partie intégrante de tous les végétaux ?

L'acclimatation des cépages américains réfractaires au phylloxera choisis parmi ceux que j'ai indiqués plus haut, paraît présenter des chances de succès plus favorables. Il ne sera également possible d'être fixé que l'année prochaine sur l'efficacité de ce moyen.

Les procédés de culture spéciaux peuvent aussi produire quelques effets utiles, je ne le conteste pas ; mais ils n'ont qu'une durée limitée, qu'une influence souvent trompeuse, et le grand défaut d'exiger des dépenses considérables, soit pour l'achat d'engrais, soit pour la main d'œuvre.

Je me résume dans les conseils suivants que j'adresse aux vignerons. L'ensemble d'une bonne culture, d'une culture profitable, consiste, lors de la plantation d'un vignoble, dans le choix intelligent des cépages qui conviennent au climat, aussi bien que dans la recherche du sol et de l'exposition où ils doivent être placés suivant leurs espèces. Pour les vignes déjà plantées, que l'on veut garantir des atteintes du phylloxera, il faut, quand cela est possible, les submerger, les couvrir d'abondantes fumures, préférer surtout les fumiers d'étable, qui renferment les substances fertilisantes les plus riches. On emploiera aussi avec succès les plantes de buis, dont les composants forment un engrais énergique, on les enterrera assez profondément entre les rangées de ceps.

Si le phylloxera a envahi la vigne, ces précautions ne sauraient la guérir, elles entraveront la dissémination du terrible insecte, atténueront l'effet violent de la maladie, mais n'empêcheront pas à la longue la mort d'un seul plant. Quand le vignoble sera atteint d'une façon plus sérieuse encore, quand il présentera les signes de dépérissement décrits au chapitre V, il ne faudra plus hésiter. Arrachez les souches languissantes ou sans force, brûlez sur place leurs débris, pour en répandre la cendre sur le sol. Vous gagnerez ainsi un temps précieux. Il suffira ensuite d'amender ce terrain par l'ensemencement de plantes fourragères, qui y seront maintenues trois ans ; après quoi il sera possible d'y installer un nouveau plantier.

C'est surtout vers la fin d'avril, au moment où la culture du vignoble sera convenablement effectuée soit à la charrue, soit à la main, qu'il convient de le traiter par les engrais, ou l'emploi de moyens curatifs par les insecticides. On approche de l'époque où les jeunes phylloxeras quittant les souches où ils se sont engourdis pendant l'hiver, après avoir absorbé pendant la période chaude tous les sucs nourriciers de l'arbuste qui reste frappé de stérilité, se transportent sur des vignes saines, plus vigoureuses, où ils trouveront une nouvelle et abondante nourriture.

La taille de la vigne mérite aussi les plus grands soins ; c'est, à mon avis, l'opération essentielle, capitale d'où dépend l'avenir d'une exploitation. Par les procédés généralement appliqués, nous avons nui considérablement aux conditions essentielles de sa vie. Voyez nos treillages : pourquoi n'offrent-ils aucune trace de maladie, au milieu des foyers phylloxériques les plus intenses ? Pourquoi la vigne cultivée en espaliers dans l'Isère ou d'autres départements, n'a-t-elle pas encore éprouvé le sort commun ? Parce que ce mode de culture est mieux approprié aux exigences de cet arbuste. Nous avons une tendance fâcheuse à traiter nos cépages comme un véritable végétal herbacé.

Il faut revenir de cet usage, lui donner une taille mieux comprise, qui augmenterait la force de la végétation et le développement des sarments. J'ai constaté ce fait dans la plupart de nos vignobles. Cette pensée m'a été, en outre, suggérée par la vue d'une vigne croissant en pleine liberté, dans une forêt voisine, qui ne réclame ni taille, ni engrais, ni culture, et qui semble placée là par le hasard pour affirmer la vigueur exceptionnelle de sa végétation. Elle vit au milieu des ronces, des épines, sur un sol composé de cailloux roulés, recouvert d'une légère couche d'humus, produit des détritus organiques qui l'environnent, suspendant ses pampres aux branches des chênes voisins, et donnant à chaque saison des raisins d'excellente qualité.

Voici ce que j'avais à dire aux propriétaires, ce qui

leur a été répété en d'autres termes, pour conjurer, éloigner, si cela est possible, les dangereux effets de ce fléau dont rien ne peut entraver la marche envahissante.

J'ai bien peur que l'on ne continue longtemps de s'épuiser en vains discours, en écrits de toute sorte, avant de trouver le remède qui est réclamé par la nature de cette maladie, dont les caractères sont foudroyants, et qui disparaîtra peut-être, suivant une loi mystérieuse dont nous ne connaissons ni le moment d'apparition, ni la durée.

Si l'on ne veut pas attendre, ce qui est plus prudent, la réalisation de ce miracle physique, je persiste à croire que c'est dans les insecticides que l'on doit espérer trouver les conditions indispensables aux remèdes que je viens d'indiquer.

J'insiste sur ce fait, qui me frappe et paraît dominer la question : c'est qu'il faut avant tout mieux connaître les habitudes du phylloxera, le moment de sa migration, la façon dont il chemine, etc. Quoique vous fassiez, vous ne pouvez pas espérer détruire tous les pucerons qui se trouvent sur les racines couvrant une grande surface, et qui s'enfoncent parfois très-profondément dans le sol. Il faudrait opérer avec un toxique d'une efficacité reconnue, employer un liquide volatil d'une grande puissance ; encore n'aurait-on pas la certitude d'avoir atteint ces myriades de parasites ; il suffirait qu'il en échappât un seul pour que l'œuvre de destruction dût bientôt recommencer.

Que doit-on faire ? Etudier mieux l'habitat de l'insecte, chercher le moyen de l'attirer sur un point déterminé de la souche, à une faible profondeur où il serait possible de l'atteindre sûrement. Ce ne sont pas les insecticides qui font défaut ; mais pour que leur emploi soit efficace, il faut restreindre les points d'attaque, attirer l'ennemi en un seul lieu, puis agir énergiquement.

Il me semble que l'on a jusqu'ici négligé le côté principal de la question, en discutant la valeur intrinsèque du remède, sans savoir exactement dans quelles conditions il fallait s'en servir.

J'appelle sur ce point l'attention sérieuse des entomologistes. L'étude des mœurs du phylloxera est beaucoup plus indispensable qu'on ne le suppose. C'est le secret qui nous échappe, l'inconnu que nous cherchons, qui est la seule, la véritable difficulté du problème.

Il ne faut point, pour cela, suspendre les études expérimentales pour leur préférer exclusivement les études entomologiques. Il importe que les propriétaires, les Sociétés d'Agriculture, les Commissions départementales spécialement instituées dans ce but, continuent leurs travaux. Peut-être n'auront-ils pas plus de réussite que les premiers; mais qui peut affirmer que ces expériences, faites sur différents points à la fois, ne mettront pas quelque chercheur heureux sur la voie du succès ?

Pour que ces expérimentations diverses atteignent leur but, il faut surtout une organisation mieux entendue, plus appropriée aux exigences de la situation. Assurément je ne conteste pas la valeur de l'action individuelle, elle peut beaucoup; mais j'estime que les efforts communs décuplent les forces. Je pense que c'est de la discussion que jaillit la vérité; que l'on entrevoit par elle un côté de la question jusque-là ignoré, qui devient une révélation, dont le plus habile s'empare, qui le guide, le dirige et lui fait enfin rencontrer la solution pratique que seul il n'eût jamais entrevue.

On va me trouver bien hardi d'exposer ici des principes nouveaux, sur l'organisation, le fonctionnement des commissions scientifiques, sur leur mode d'action, la nature des travaux à entreprendre ou à diriger. Peu m'importe, je n'impose à personne ma manière de voir;

si cette idée est bonne, rien ne l'arrêtera, elle fera son chemin malgré les objections qui pourront être faites ; l'essai la consacrera et prouvera sa valeur. Si ce n'est, au contraire, qu'un conseil vulgaire, j'aurai, du moins, le mérite d'avoir cherché à imprimer une direction nouvelle, plus logique, mieux appropriée à nos recherches, eu égard à l'importance du sujet que nous traitons.

Oui, il faut de l'unité dans l'action ; on a jusqu'ici dispersé trop les efforts ; il faut les réunir pour vaincre l'obstacle, agir énergiquement pour le surmonter. Il ne suffit pas que les commissions soient officiellement organisées ; mais il importe qu'elles agissent. Les membres qui ont accepté d'en faire partie doivent prendre au sérieux les fonctions qui leur sont confiées, au lieu de les considérer uniquement comme une satisfaction d'amour-propre, et comme un moyen d'attirer sur leur personnalité l'attention publique. Ils doivent, dans la région qu'ils représentent, s'inquiéter de l'état général de la viticulture, signaler les efforts particuliers, les essais de toute nature, aider de leurs conseils les viticulteurs qui semblent faire fausse route.

A part quelques exceptions que j'ai indiquées, qu'a-t-on fait d'utile dans certains départements ravagés par le phylloxera ? Peu de chose ; des expériences sans contrôle, qui ont donné, au total, des résultats insignifiants. Je le répète, il ne faut point entraver l'initiative privée ; mais il est indispensable qu'elle s'exerce, si cela est possible, dans des conditions déterminées, sous la surveillance d'hommes capables de la diriger ou de l'arrêter, si ces tentatives personnelles devaient s'user sans résultats utiles.

Cette organisation pourrait être constituée sur les bases suivantes : les membres des sociétés agricoles, les grands propriétaires, les hommes versés dans les sciences naturelles, feraient partie de la Commission départementale, qui aurait son siége au chef-lieu. Le nombre en serait limité à cinquante membres. On ferait appel à toutes les capacités notoirement connues. C'est là que serait concentré le travail général, l'examen des procédés soumis à la Commission, qui resterait juge de leur valeur, de l'opportunité des expériences, et qui vérifierait l'ensemble des renseignements recueillis sur la marche de la maladie. On lui signalerait, en outre, les vignobles les mieux soignés, les encouragements à accorder aux vignerons, les primes à leur donner soit en argent, soit en nature. La Commission d'arrondissement, qui viendrait après, serait composée de six membres ; elle aurait pour mission spéciale d'étudier les questions de détail, d'examiner les communications fournies par les délégués cantonaux, de juger de leur importance, de visiter les vignobles, de faire effectuer sous ses yeux les expériences dans un terrain spécialement affecté à cet usage, enfin de présenter à l'assemblée départementale toutes les propositions qui lui sembleraient offrir de l'actualité.

Dans chaque canton, résideraient trois membres, correspondant d'une façon immédiate avec la section d'arrondissement, qui s'occuperaient plus utilement de ce qui se passe, et qui lui transmettraient toutes les communications de nature à être soumises à un examen attentif.

La Commission départementale, composée, en outre, de la section d'arrondissement et des délégués cantonaux, se réunirait, toutes les fois que cela lui paraîtrait utile, en assemblée générale. Elle prendrait connaissance des expériences qui ont eu lieu, de leur degré de réussite ; elle fixerait les conditions de ses concours, les primes à obtenir ; elle entendrait les inventeurs de procédés curatifs, les verrait à l'œuvre, visiterait enfin les exploitations viticoles les mieux dirigées, encouragerait les vignerons, ou leur démontrerait l'insuffisance de leurs cultures. La Société s'attacherait un professeur de viticulture qui ferait, à des époques déterminées, des conférences publiques sur le traitement des vignes, de préférence des leçons pratiques dans les propriétés qui lui seraient désignées.

Tout cela est bien, me dira-t-on ; mais comment arriverez-vous à solder les dépenses résultant de cette organisation ? C'est, en effet, la seule difficulté. L'élément nécessaire de toute entreprise, quel qu'en soit le but, quels qu'en puissent être les résultats, c'est l'argent. Vous trouverez des hommes désintéressés, occupant d'honorables positions, des propriétaires désireux de participer dans un but de philanthropie à vos travaux ; mais vous ne rencontrerez personne qui, pour les mêmes raisons, veuille consacrer la moindre partie de son revenu à des opérations aléatoires, où il ne peut espérer en somme qu'un intérêt secondaire.

Il importe donc que les vignerons consentent à payer une minime cotisation ; que les propriétaires, grands ou petits, souscrivent la somme la plus modeste qu'elle soit, s'ils ne peuvent faire autrement, pour organiser cette association départementale, qui fonctionnerait, et serait administrée comme un véritable syndicat. Si nous avions cet esprit pratique qui est l'élément du progrès, qui malheureusement semble nous faire défaut, il y a bien longtemps qu'une souscription nationale aurait permis de couvrir tous les frais réclamés pour le fonctionnement régulier de semblables institutions.

Il appartient surtout au Gouvernement de contribuer avant tous à cette œuvre. Les prix qu'il offre à l'inventeur d'un remède contre le phylloxera sont bien minimes, quand on examine les conditions que l'on exige et le but que l'on propose. Ne serait-il pas préférable de les employer d'une façon plus avantageuse, de les répartir, en les augmentant, entre les corps savants institués à l'effet de rechercher la solution d'une question d'économie sociale de premier ordre ?

Les départements de la région méridionale, si rudement éprouvés ou menacés par le fléau, ne doivent pas reculer devant des charges pécuniaires que la nécessité du moment rend obligatoires. Les conseils généraux, qui connaissent les besoins de leur pays, n'hésiteront pas, dans leur session prochaine, à y participer dans une part aussi large que posible. Qu'on essaye l'organisation rationnelle que je propose, dont les détails peuvent être, du reste, modifiés sans inconvénients ; que les commissions départementales, actuellement instituées par des arrêtés préfectoraux, fonctionnent suivant les règles précises et le rouage peu compliqué que je viens d'indiquer. Sans cela, on se bornera encore longtemps à discuter ; l'indifférence, le dégoût s'empareront des agriculteurs; il y aura bien encore par ci par là, quelques expériences, mais sans portée sérieuse, parce que le contrôle et la notoriété indispensables leur feront défaut.

A l'œuvre donc ! plus courageusement à l'œuvre ! Réunissons nos efforts pour la défense commune ; faisons appel aux travailleurs de bonne volonté, aux hommes pratiques, intelligents et laborieux, pour cette lutte suprême où il s'agit de sauver l'une des branches les plus importantes de notre production. Que le Gouvernement n'oublie pas que ce sont ses propres intérêts qu'il défend, qu'il a le devoir de préserver une des sources les plus fécondes de la richesse nationale, qu'il ne doit reculer devant aucun des sacrifices que réclame la situation viticole. Que les départements menacés ou envahis, que les grandes sociétés agricoles prêtent aussi un concours plus empressé ; qu'elles sachent bien qu'elles ne peuvent faire un plus profitable usage des ressources

qu'elles consacrent annuellement aux progrès scientifiques. Peut-être sera-t-il temps encore de préserver d'un
fléau redoutable les vignes qui survivent et de mettre
celles qu'il faudra replanter à l'abri d'aussi désastreuses
éventualités.

On juge de la grandeur et de la prospérité d'un peuple
par l'excellence de son organisation politique, le développement de son commerce, les progrès de l'industrie,
la richesse productive de l'agriculture. A ces divers
points de vue, la France nous apparaît comme une
grande puissance qui, sortant toute meurtrie d'une lutte
inégale, comprend qu'elle doit travailler à sa reconstitu-
tion intérieure, et mettre en œuvre tous les éléments
dont elle dispose pour augmenter avant tout, sa fortune
agricole et industrielle.

Ce n'est qu'à ces conditions qu'elle restera, malgré
des désastres qu'elle saura bien réparer un jour, la première nation du monde.

Montélimar, juillet 1874.

TABLE DES MATIÈRES

www.ingramcontent.com/pod-product-compliance
Ingram Content Group UK Ltd.
Pitfield, Milton Keynes, MK11 3LW, UK
UKHW020015080726
13614UKWH00003B/1374